Helmut Kropp

ALLE MEINE AUTOS

Meine Motorisierung 1966 bis 2023

Impressum

Herstellung und Verlag:
BoD – Books on Demand, Norderstedt

ISBN: 9783757846954

Alle meine Autos

Meine Motorisierung ab 1966

*** Renate gewidmet ! ***

Kurzbeschreibung aller gefahrenen Fahrzeuge:

1. Ford Anglia Super 1965 – 1966
2. Ford Consul Cortina 1966 – 1970
3. Ford 20 mTS Coupe 1970 – 1972
4. Volvo 144 1972 – 1981
5. Mercedes 120 1981 – 1992
6. Chrysler Voyager 3.3 LE 1992 – 2022
7. Renault Kangoo ab 2022

Führerschein und Vorgeschichte

Die Familie Kropp hatte ja kein Auto, lediglich Papa Ernst Kropp hatte ein Motorrad, ein älteres Puch-Doppelkolben-Modell mit 250 ccm Hubraum. Das lärmte dann auch entsprechend, hatte aber einen Beifahrersitz hinter dem Fahrersitz, dort war ich viel mit meinem Papa unterwegs.

Hauptsächlich diente das Motorrad für Papas Fahrten von Rodaun-Waldmühle, wo er im Zementwerk der Perlmooser in Rodaun arbeitete, nach Tullnerbach-Irenental, wo er 1937 ein Haus gebaut hatte, und zurück, aber auch für Urlaubsfahrten ins Donautal, auf den Jauerling oder "Rund um den Ostrong", mit mir am Rücksitz, war es nützlich. Papa reparierte sich sein Fahrzeug im allgemeinen selber. Aber einmal ließ er jemand anderen ran, mit schlimmen Folgen. Das kam so:

Eines Tages, wir warteten auf die Heimkehr von Papa, kam statt ihm auf dem Motorrad ein Lastwagen mit Opas Motorrad oben aufgeladen, Mama fiel fast in Ohnmacht, sie dachte an einen Unfall. Aber Papa war wohlbehalten, wenn auch fürchterlich schlecht aufgelegt.

Nach dem Abladen des Motorrades und nachdem der LKW verschwunden war, erzählte uns Papa, was er heute erlebt hatte.

Er war am Morgen zur Firma Auto Mann in Pressbaum mit dem Motorrad gefahren und hatte die Werkstatt gebeten, ihm den Akku des Motorrades aufzuladen, während er mit der Bahn weiterfuhr. Ob sie das taten, war nicht klar, jedenfalls hatte einer aus der Werkstatt – wahrscheinlich durch den alten Puch-Vorkriegstyp von Papa Kropps Motorrad animiert - eine "Probefahrt" machen wollen. Beim Antreten des Motorrades mit dem Starter benahm er sich aber so derb und ungeschickt (wahrscheinlich sprang das Motorrad auch nicht sofort an, siehe Akku), so dass er den Vergaser vom Motorblock heruntertrat, welcher dann traurig an Gas-Seil und Benzinleitung abgerissen vom Motorrad herunterhing.

Da Schadensersatzansprüche nicht Papas Sache waren und er auch wusste, dass die Fa.Mann dieses schon ältere und seltene Ersatzteil nicht hatte, bestand er nach seiner

Rückkehr am Abend nur auf dem Heimtransport, um dort den Schaden selber zu reparieren.

Nachdem ich fertig studiert hatte und bei Philips beschäftigt war, wurde die Frage nach einem Auto wichtig..

Den Führerschein zu machen, war nötig, auch um beruflich weiter zu kommen. Ich machte den Auto- und Motorradführerschein in der Fahrschule Karlsplatz, eine der größten Fahrschulen in Wien. In der Stadt war ich bald recht gut und wusste immer, wie und wo zu fahren, aber am Samstag ging es dann immer "aufs Land", also z.B. Höhenstrasse, Heiligenstadt, Grinzing usw.

Die erste Stunde fand im Park beim Arsenal statt, Samstag zeitig früh, da sollte nicht viel Verkehr sein. Der Fahrlehrer wechselte dort auf den vorderen Beifahrersitz, ich nahm erstmalig den Fahrersitz ein. Ich mühe mich heftig mit der "unsynchronisierten"(!) Schaltung des 1.Ganges des Ford Anglia super, hinter uns hupt einer.

Der Fahrlehrer zum Huper, erbost:" Oba hau di am Bauch!"

Ich halte an einem Fußgänger-Überweg, ein Passant regt sich über unser Fahrzeug auf, aber der Fahrlehrer kurbelt das Fenster herunter und brüllt ihn an "Oba mit da Floschn in der Hand!", er hatte sofort gesehen, dass der andere besoffen war.

Bei der Kirche "Maria vom Siege" im 1.Wiener Gemeindebezirk muss ich auf Anweisung des Fahrlehrers in einem Gassel ganz steil hoch, ich halte vorsichtshalber kurz an und lege den ersten Gang (wie gesagt, unsynchronisiert) ein und fahre dann los.

Damit ist aber mein Fahrlehrer gar nicht einverstanden, er schnauzt mich an "Warum bleiben Sie stehen, der Wagen hat doch 40 PS!" Ich bitte, das ausprobieren zu dürfen, drehe eine Runde, und sieh an, wir kommen auch im 2.Gang leicht untertourig über den Berg.

Ich machte auch gleich den Motorradführer-schein, dazu gab es einen Theoriekurs. Der Fahrlehrer, ein richtiger Biker, erzählte von der richtigen Behandlung des Motors und u.a. folgende Geschichte:

Jeder kennt doch die Großglockner-Hochalpenstraße, da fahren auch gerne die Motorradfahrer hoch. Da muss man aber im kleinen Gang und somit nicht zu niedertourig fahren, sonst überhitzt sich der Motor.

Da fahre ich hinter einem drein und rieche schon, der hat einen zu heißen Motor. Und wie der dann nicht mehr weiterkann und stehen bleiben muss, hat der Motor geglüht! Und dann geht der her, an der Straße gibt es ja so Brunnen mit einem Blechgefäß, da holt der ein Wasser und schüttet es auf den glühenden Motor! Ich hätt ihm ja geholfen, aber wenn einer so blöd ist... Ich bin weitergefahren.

Wer dann zur Führerscheinprüfung wollte, musste die Probeprüfung in der Fahrschule, theoretisch und praktisch, absolvieren. Bei der theoretischen Prüfung war das "Einstellen der Scheinwerfer" zu erklären (das war damals noch Prüfungsthema!).

Dazu waren die Scheinwerfer des Autos einzuschalten und die obere Lichtgrenze sollte, in einem bestimmten Abstand vom Scheinwerfer, z.B. an der Garagenwand, 5 cm unterhalb liegen, andernfalls waren die Scheinwerfer mit der entsprechenden Schraube nachzustellen.

Prüfling auf die Frage: Wie stellen Sie die Scheinwerfer ein?

Antwort: "I fahr gegen a Wand!"

Die Führerscheinprüfung machte ich dann in Heiligenstadt bei der "Landesregierung", da ich ja aus Niederösterreich kam. Die theoretische (technische!) Prüfung ging ganz gut, der Fahrlehrer hatte mich "gebrieft", der Prüfer frage hauptsächlich die Beleuchtung ab; das war auch dann tatsächlich der Fall. Das Fahren ging dann schon ganz flott und fehlerfrei, trotz einer Riesenbaustelle in der Heiligenstädter Straße entlang der Tramway-Schienen.

Dann war noch die Motorradprüfung zu bestehen, der Prüfer verzichtete aufs Mitfahren mit der BMW-Beiwagenmaschine. Er sagte nur: "Fahren Sie bis zur nächsten Kreuzung und kommen Sie dann zurück!" Beim Umkehren wollte ich vorschriftsmäßig mit der Hand den Richtungswechsel anzeigen, der mitfahrende Motorradlehrer der Fahrschule sagte aber "Lassen Sie das!" So kam ich denn zurück und parkte am Straßenrand, wo genug Platz war, nicht genau vor dem Prüfer, denn der hatte das nicht verlangt. Ich achtete besonders darauf, nicht mit dem Beiwagenrad den Randstein zu streifen, denn das hatte mir der Motorradlehrer unter schrecklichen Drohungen eingebläut!

Ein Ausländer hatte zur Führerscheinprüfung einen Dolmetscher mitgebracht, ich war bass erstaunt, dass das möglich war. Der Dolmetscher erklärte uns, "piston" hieße Kolben.

Ein anderes Mädchen hatte weniger Glück, sie wollte, mit einem Riesen-Amerikaner als Prüfungsauto, in eine Parklücke einparken, dreimal versuchte sie es vergeblich, dann gingen alle Türen des Autos auf und sie war durchgefallen.

Mein Fahrlehrer sagte noch, das hätte der Prüfer sicher nicht verlangt, weder das Riesenauto noch sei das Einparken erforderlich, rechts ordnungsgemäß ranzufahren reiche, vor dem Öffnen der Türe in den Rückspiegel zu sehen und den Motor abzustellen, wo, könne man sich aussuchen.

Dann war ein Auto anzuschaffen, alle redeten mir zu: "Sie werden sehen, im Auto haben Sie nicht wie im Autobus oder in der Straßenbahn einen Nachbarn mit Husten und Schnupfen, da bleiben auch Sie viel gesünder!"

Internationaler Führerschein

Indications relatives au conducteur

Nom .... 1. KROPP
Prénoms .... 2. HELMUT
Lieu de naissance .... 3. WIEN
Date de naissance 4. 28.MAERZ 1937
Domicile .... 5. MUENCHEN

Catégorie de véhicules pour lesquels le permis est valable

Motocycles	A
Automobiles, autres que celles de la catégorie A, dont le poids maximal autorisé n'excède pas 3 500 kg (7 700 livres) et dont le nombre de places assises, outre le siège du conducteur, n'excède pas huit	B
Automobiles affectées au transport de marchandises et dont le poids maximal autorisé excède 3 500 kg (7 700 livres)	C
Automobiles affectées au transport de personnes et ayant plus de huit places assises, outre le siège du conducteur	D
Ensemble de véhicules dont le tracteur rentre dans la ou les catégories B, C ou D pour lesquelles le conducteur est habilité, mais qui ne rentrent pas eux-mêmes dans cette catégorie ou ces catégories	E

Conditions restrictives d'utilisation

6

A B C XXXX XXXX E

Signature du titulaire Helmut Kropp

Exclusions:
Le titulaire est déchu du droit de conduire sur le territoire de .... jusqu'au ....
A .... le ....

Le titulaire est déchu du droit de conduire sur le territoire de .... jusqu'au ....
A .... le ....

7

1. Ford Anglia Super, Gebrauchtwagen

Ford Anglia Super Baujahr 19.5.1961
Typ 106 E/A 34

Neupreis S 34.600,-Kaufpreis 16.500 S, Kennzeichen N 414.826

Kauf: 30.3.1965 in St.Pölten bei km-Stand 50.850 km von Herrn Johann Ulbrich aus Gollarn (über die Werkstatt)

Verunfallt am 19.11.1966 Wrack verkauft an Heinz Zavadil von Ford bei km-Stand 93.992. Gefahren: 43.142 km.

N414.826

Ich hatte mich als Funker um die ÖVSV-Mitglieder in St.Pölten zu kümmern und da waren zwei dabei, die waren als Autoverkäufer in einem großen Autosalon, Fa. Walter Wesely, in St.Pölten tätig.

Herr Brandstätter war dann auch eines Tages mit einem Angebot da, er hätte da einen guten Gebrauchtwagen Typ Ford Anglia super, das war derselbe Typ, mit dem ich schon erfolgreich in der Fahrschule Karlsplatz unterwegs gewesen war und mit dem ich dann bei der Prüfstelle der Landesregierung in Heiligenstadt meinen Führerschein gemacht hatte.

Das Auto war in rosa Farbe, also doch recht ausgefallen und erregte dann bei Philips am Firmenparkplatz an der Triester Straße, wo ich damals arbeitete, entsprechendes Aufsehen und Heiterkeit.

Nun, dem Angebot wollte ich nähertreten und fuhr mit der Westbahn nach St.Pölten. Das Auto kostete für meine Verhältnisse doch recht viel, aber Brandstätter hatte da eine bewährte Lösung: Es gab für mich gleich einen Kredit von 6000 S bei der Stadtsparkesse St.Pölten und der Vertreter, der mich haftpflichtversicherte, Herr Rudolf Klenk, Ratzersdorf, Vertreter der Wiener Städtischen Versicherung war zugleich auch der Bürge für den Kredit. Ich musste nur mehr alles unterschreiben und konnte mich dann sofort ins Auto setzen und nach Kaltenleutgeben, Hauptstraße 3a fahren, wo wir damals wohnten.

Ich erinnere mich noch recht gut an diese meine erste Alleinfahrt: es gab zwar schon die Autobahn St.Pölten – Richtung Wien, aber erstmal nur bis Neulengbach (eine Art "Fleckerlteppich-Autobahn"), da probierte ich gleich, wie es mit 100 km/h zu reisen ist und war über meinen Mut erstaunt.

Ganz wichtig war auch, dass man als Autofahrer damals neben dem Bekleben der „Kraftfahrzeug-Steuerkarte“ auch eine weitere Rundfunkgebühr zu zahlen und den Nachweis, die „Rundfunk-Zusatzbewilligung“ dafür bei Kontrollen vorzulegen hatte!

Dazu wäre auch zu bemerken, dass damals im Wiener Kirchenblatt eine Artikel erschienen war: "Bei 100 km/h steigt St.Christophorus aus!" Nun, ich wurde sogar von anderen Autos überholt. Von Neulengbach gings dann über den Rekawinkler Berg, Pressbaum, Laab im Walde nach Rodaun über Landstrassen.

Dann war noch die Bezahlung der Kreditraten zu sichern und zu diesem Zweck eröffnete ich bei der Sparkasse in Hütteldorf ein Gehalts- und Kreditkonto, von dem dann monatlich S 1.000,- plus 3,- S Spesen abgebucht wurden. Außerdem hatte ich noch einen Wechsel(!) zu unterschreiben, eine heute absolut unübliche, zusätzliche Sicherung. Den Wechsel behielt die Sparkasse ein, nach Rückzahlung des ganzen Darlehens erhielt ich den Wechsel (zerrissen) zurück.

Die Banken und Sparkassen warben damals viel mit dem Gehaltskonto, aber der Zuspruch war recht mäßig. Der Chauffeur unserer Abteilung, Herr Kirlinger, hatte jedoch schon ein Bankkonto.

Das Bankkonto war damals nicht selbstverständlich: es war noch allgemein guter Brauch, dass alle Mitarbeiter zum Monatsende sich beim Chef im Halbkreis zu versammeln hatten, um dort dann, meist mit einem dummen Spruch, das Pergaminsackerl mit dem abgezählten Bargeld (Scheine und Münzen) vom Chef zu bekommen.

Beispiel: "Es ist sinnlos, das Geld nachzuzählen, es stimmt nämlich immer". Kollege Schiebel fiel auf, da er stets genau nachzählte und die Abrechnung anzweifelte, ab und zu sogar mit Recht.

Zu Technik meines Autos wäre anzumerken:

Die Karosserie war "extra-vagant", sie hatte nämlich ein gegen die Fahrtrichtung geneigtes schräges Heckfenster! Es gab auch einen Ford Anglia ohne Super, der hatte dann ein normal geneigtes Fenster.

Der Motor, Benziner, war mit 4 Zylindern und 1000 ccm eher mäßig.

Der Wagen hatte Heckantrieb: vorne der Motor, mit Vergaser, dann das monströse Schaltgetriebe mit 4 Gängen im Fahrgastraum, dann unter dem Auto in der Mitte die Kardanwelle und unter dem Kofferraum das "Differential" oder „ Hinterachsausgleichsgetriebe“.

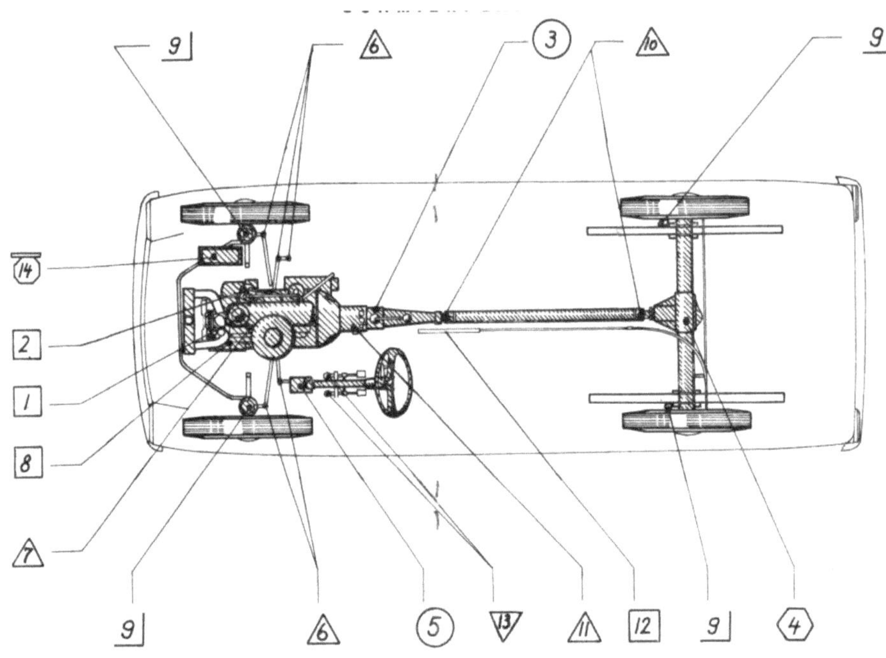

So ein komplizierter Hinterradantrieb ist heute kaum mehr in Gebrauch. Vorderradantrieb, wie heute, hatten nur wenige der damals üblichen

Autos und in der Fahrschule lernten wir, das sei schwierig herzustellen wegen der Vorderrad-Abdichtung.

Anderseits gab es schon 1948 den Citroen 2CV mit Vorderradantrieb, aber der hatte immer Probleme mit der Dichtigkeit des Kurbelgehäuses. Anderseits hatte der VW Käfer auch Hinterradantrieb, aber keine Kardanwelle und Differential. Der hatte ganz einfach „alles“ hinten!

Das Getriebe!

Ferner war bemerkenswert, dass nur der 2., 3. und 4.Gang synchronisiert war, nicht hingegen der erste Gang. Das bedeutete, man konnte nicht, wenn der Wagen noch rollte, vom 2.Gang in den 1.Gang zurückschalten.

Das hakte oder krachte dann womöglich, wenn man es trotzdem versuchte, ich probierte es sogar, mit "Zwischengas" wie ein Lastwagenfahrer, aber das ging meistens schief.

Dazu schrieb die Zeitschrift „AT Auto Touring“ am 15.7.1961 unter „Test Nr.73“ Ford Anglia Super:

„Was besser sein könnte

ERSTER GANG NICHT SYNCHRONISIERT:

So elastisch ist kein Motor unter 1,5 Liter Hubraum, dass man während der Fahrt nicht ab und zu den ersten Gangeinlegen müsste. Für den Anfänger ist das natürlich nicht angenehm, und da dieser Wagen sehr oft als erstes Fahrzeug gewählt wird, liegt hier tatsächlich ein kleiner Schönheitsfehler vor. Noch dazu, wo die De-Luxe-Ausführung einer Preisklasse angehört, in der es heute nur mehr ganz wenige Typen mit einer nicht synchronisierten Ersten gibt."

Dazu wäre noch anzumerken, dass dieser nichtsynchronisierte Gang in keiner offiziellen Ford Anglia-Bedienungsanleitung erwähnt ist!

Tanken

Aus der unten abgebildeten Quittung ist zu ersehen, dass am 7.11.1966 ein Liter Super S 3,90 (oder 65 Pfennige) gekostet hat.

Der Anglia musste mit Super betankt werden, da gab es damals die Firma AGIP und die hatte einen Super-Treibstoff namens

„Supercortemaggiore“!

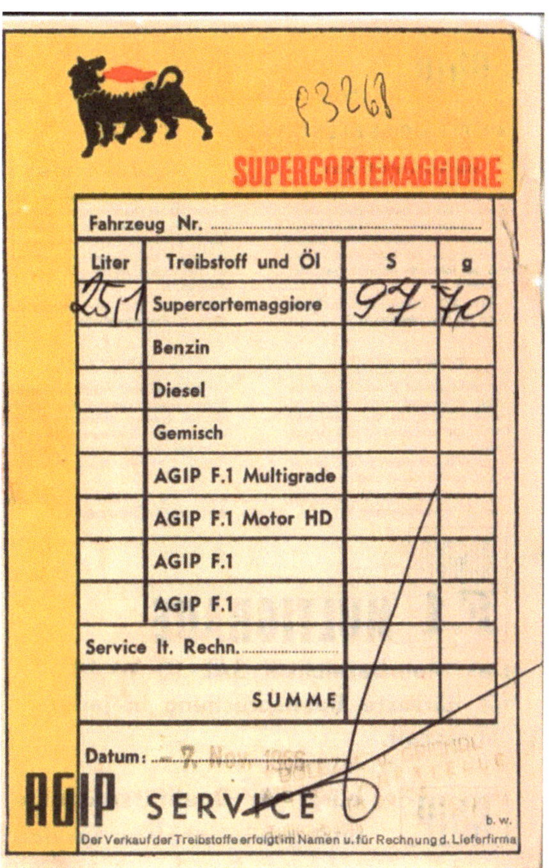

SUPERCORTEMAGGIORE

Fahrzeug Nr. ....

Liter	Treibstoff und Öl	S	g
25,1	Supercortemaggiore	97	70
	Benzin		
	Diesel		
	Gemisch		
	AGIP F.1 Multigrade		
	AGIP F.1 Motor HD		
	AGIP F.1		
	AGIP F.1		
Service lt. Rechn.			
	SUMME		

Datum: 7. Nov. 1966

AGIP SERVICE

b. w.

Der Verkauf der Treibstoffe erfolgt im Namen u. für Rechnung d. Lieferfirma

Der wurde allgemein empfohlen und unter Autofahrern war die Meinung, dass das Supercortemaggiore viel besser als die Super der anderen Tankstellen sei.

Damals hatten die Autos alle kein Tankschloss, damals gab es auch keine Selbstbedienung beim Tanken. Vorfahren an der Tankstelle und dann war Warten angesagt. Die Antwort war dann „Vollmachen!“ oder „15 Liter!“ War der Tankwart fertig, erwartete der neben der Bezahlung des (nicht immer auch angezeigten!) Betrages auch immer ein Trinkgeld für das Einstecken und Abnehmen des Tankrüssels. Manchmal gab es auch eine eigene Kasse in der Tankstelle, da musste man extra hineinlaufen.

Da kam ich einmal bei einer Fahrt von Tullnerbach vor Salzburg zu einer Tankstelle an der Autobahn, damals war das Tanken in Österreich billiger als in Deutschland. Wie der Blitz ist der Tankwart da, reißt den Deckel des Tanks herunter und will schon loslegen, da fällt mein Blick auf die Tankanzeige an der Säule und da sind schon 6 Liter Super drauf !

Ich schreie: „Halt!“ und „Zuerst einhängen“ (setzt die Anzeige auf Null). Da hatte der doch sein Moped oder Reservekanister vor mir getankt und wollte mich dafür zahlen lassen, sprich betrügen. Der Tankwart war dann auch sofort sehr zornig und schrie: “Wenn das bei

Euch in Deutschland nicht funktioniert!“ Ich aber fuhr weiter zur nächsten Tankstelle, ohne bei ihm zu tanken.

Selbes Thema: Ich komme (bei einer anderen Fahrt) an die Grenze beim Walserberg, die Grenzkontrollen sind schon aufgehoben, jedoch das Benzin ist in Deutschland viel teurer und so beschließe ich, noch vor der Grenze am (österreichischen) Walserberg zu tanken. Ich folge den Hinweistafeln "Parkplatz" "Tankstelle" "Zoll LKW", da halten mich schon zwei Typen an und der eine (es ist schon dämmerig) fuchtelt da mit einer rot-leuchtenden Lampe vor meiner Windschutzscheibe herum. Ich kurble das Fenster runter und sage zu ihm "Ich wollte aber nicht zum Zoll" doch der lacht nur und nach einer Weile weiteren Herumleuchtens dürfen wir weiterfahren.

Dann wird alles klar: die Leute suchten nach meinem "Pickerl", der Autobahnplakette (ich hatte eine), es war eine Kontrolle der ASFINAG.

Schön raffiniert, bei der Tankstellenzufahrt zu kontrollieren: die dachten, wenn jemand so geizig ist, dass er noch schnell in Österreich tanken muss, dann ist der auch vielleicht so geizig, und hat sich auch keine Plakette besorgt...Die Strafe wäre drastisch gewesen, mehrere 100 Euro.

Zum Benzin im Anglia wäre noch anzumerken: es gab da offenbar große Qualitätsschwankungen in der Benzinqualität (die Oktanzahl war noch nicht an der Tankstelle angeschrieben). Ich merke das daran, dass der Motor ab und zu „klingelte“, also Probleme bei der korrekten Verbrennung hatte. So was kommt heute ja kaum mehr vor.

Ziele mit dem Ford Anglia

Pottenstein, Hollenstein, Innsbruck, Purgstall, Türnitz, Linz, St.Pölten, Bruck(Mur), Mariazell, Deutsch Wagram, Opatija, Waidhofen (Ybbs), Steyr, Ramsau, Ebenwald, Limburg (Lahn), Hilversum (hin und zurück 2600 km), Rotterdam, Loosdrecht, Aalsmeer, den Haag, München, Krems, Scheibbs, Wr.Neustadt, Hainburg, Gloggnitz, usw.

Nun vorerst ging mal alles gut: täglich Irenental - Triester Straße zu Philips zur Arbeit, abends wieder zurück. In der ersten Zeit war auch noch Kaltenleutgeben, Hauptstraße 3a - Philips gelegentlich angesagt, bis dann Papa aus dieser Werkswohnung ausziehen musste und wir in Tullnerbach blieben.

Viele schöne Fahrten, z.B. nach Purgstall zu Onkel Hans/Tante Mizzi im Urlaub oder besonders zu Martha nach Unterleiten-Hollenstein, die ganze Familie, mit Papa, Werner, Mama und ich im Anglia, machten Freude.

Da kam ich also am Tag zuvor von der Arbeit nach Hause und stellte den Wagen in der „Professor Lux Straße 3", also vor unserem Tullnerbacher Haus ab. Dabei machte das Auto komische Geräusche, noch im Leerlauf, aber ich dachte mir noch nichts dabei. Katastrophe am nächsten Morgen beim Anlassen: Großer Lärm im Motorraum, Wasserpumpe kaputt, Auto kaputt. Das gesamte Kühlwasser läuft aus! Ich sage das Mama, die heult gleich entsetzlich und jammert.

Schließlich startet Werner sein Moped und mit mir am Rücksitz fahren wir nach Wien zum Fordhändler in der Wienzeile, eine Ersatzpumpe samt Dichtung kaufen. Wir kommen gut zurück und ich mache mich an die Arbeit, um 12 Uhr konnte ich wieder das Kühlwasser einfüllen und wir starteten nach Hollenstein zu Martha.

Hochzeit von Martha Lenger geb.Kropp und ihre Hochzeits-Reise

Auch die "Brautkutsche" von der Unterleiten in die Kirche nach Hollenstein ist mir noch in Erinnerung, d.h. Inklusive Transport des Ehepaares Martha und Peter Lenger.

Martha Kropp hatte ihren Ehemann Peter Lenger in Großhollenstein, wo sie Lehrerin an der landwirtschaftlichen Berufsschule war, gefunden! Die Hochzeit sollte in Hollenstein, in der Kirche, die anschließende Feier in Waidhofen/Ybbs stattfinden.

Ich stellte mich und mein Auto Ford Anglia super für den Transport in die Kirche und hernach ins Gasthaus zur Verfügung. Schon jetzt sei angemerkt: die Reise mit M&P Lenger sollte einige Wochen darauf aber noch viel, viel weiter gehen!

In der Landwirtschaftlichen Berufsschule stieg also das Ehepaar, voll adjustiert, zu mir ins

Auto und es ging los, aber wir kamen nicht sehr weit, da waren noch ortsübliche Bräuche zu bedenken! Auf der Straße vor uns stand ein Kinderwagen mit einer Puppe drin und entsprechend kostümierte Ortsbewohner! Nun, nach Anhörung der „Straßensperre“ und kräftiger Spende gab man uns den Weg frei und wir konnten in die Kirche fahren, die aus Anlass dieser Hochzeit rettungslos überfüllt war.

Nun, nach der Segnung durch die Kirche gings dann weiter nach Waidhofen/Ybbs zur großartigen Festlichkeit mit zahlreichen Gästen, bis zum Abend.

Reise nach Rotterdam

Martha und Peter hatten beschlossen, sich gleich in Vancouver (Kanada) niederzulassen; davon konnte auch unsere Mutti sie nicht abbringen. Ich habe ihnen angeboten, sie mit dem Ford Anglia super von Linz bis nach Rotterdam zu fahren. Dort sollten sie ein Schiff besteigen und damit bis nach Montreal fahren, weiter dann zwei Tage lang mit der Eisenbahn Canadian Pacific bis Vancouver.

Heute würde man so was höchstens unter touristischen Aspekten machen, aber damals war das Flugzeug ab Linz viel zu teuer. Peter bekam vielmehr von der Caritas, Abteilung Auswanderung, ein Darlehen für die gesamten Reisekosten, das hat er dann in Kanada, nach seiner Anstellung bei der Firma Tridel in Vancouver von seinem Gehalt als Maschinenbaukonstrukteur in Raten zurückgezahlt.

Aber zur Reise mit dem Auto: Los ging es am 13.7.1966 in Linz, fast alles über die Autobahn: Salzburg, München, Nürnberg, Frankfurt, Limburg, wo wir das erste Mal übernachteten. Weiter dann am 14.7.1966 über Düsseldorf, Arnhem und Utrecht nach Hilversum, wo wir drei erst einmal bei Frau Roor, mir von meinen früheren Aufenthalten 1963 gut bekannt, übernachteten.

Am nächsten Tag fuhren wir mit unserem Auto nach Rotterdam und fanden das bezeichnete Schiff MS Staatendam auch im Hafen liegend. Ich durfte noch mit den Lengers an Bord und wir fanden ihre Innenkabine tief im Bauch des Schiffes! Peter war darüber sichtlich deprimiert, er hatte sich das Quartier am Schiff wahrscheinlich ganz anders vorgestellt!

Nun, ich machte mich dann davon, um den Lengers bei ihrer Auswandung nochmals zu winken, das fand am Westende von Holland in Hoek von Holland, hinter Maassluis , statt. Ich hatte mir in dem nahe der Fahrrinne gelegenen Gasthaus ein Essen bestellt, da kam das Schiff schon daher! Also nichts wie hinaus, winke, winke, sie standen an Deck, rufen war nicht drin, das Schiff enteilte! Später sagte mir Martha, sie hätte mich natürlich gesehen!

Ende eines Fahrzeugs

Hauptsächlich fuhr ich mit dem Anglia aber zur Arbeit bei Philips in Wien/Triesterstraße, ob von der Waldmühle oder von Tullnerbach aus.

Bei Philips hatte ich die große Telefonanlage mit zu betreuen. Die hatte einen seltenen, manchmal auftretenden Fehler und den wollte ich lokalisieren und beheben. Dazu geeignet wäre der Samstag 19.11.1966 gewesen, da war kaum wer im Philipshaus und die Telefonanlage somit im Ruhezustand. Ich machte mich nach entsprechender Vorbereitung somit an einem Samstag (es war Winter) früh auf den Weg, das Wetter war schlecht, Eis, Schneefall, Straße verschneit und elends glatt.

Bei der Engstelle auf der Brücke über den Tullnerbach beim Kloster (beim Haus Nr.231) kam es dann auf dem Glatteis zu einem Unfall, Frontal-Zusammenstoß mit einem entgegenkommenden Auto, ganz schlimm. Gottseidank niemand verletzt, das entgegenkommende Auto (Schaden S 15.907,-) und meines aber schwer (Totalschaden) beschädigt. Nach dem Abschleppen in die St.Veiter-Fordwerkstatt (Kosten mit ÖAMTC-Schutzbrief 70,-S) war vorerst einmal die Autoherrlichkeit zu Ende.

Ein Mechaniker der Fordwerkstatt am Hietzinger Kai kaufte mir den beschädigten Anglia ab. Was ich dafür bekam, ist heute nicht mehr feststellbar.

Gottseidank hatte ich den Kredit damals schon abbezahlt. Aber vorerst war mal wieder "öffentlicher Nahverkehr" (Bus, Bahn, Straßenbahn) zwischen Tullnerbach und Wien angesagt. War es später am Abend, war oft ein 4km-Marsch (1 Stunde lang) von der Haltestelle Untertullnerbach der Bahn nach Irenental zu bewältigen.

2. Ford Consul Cortina

Es musste also wieder ein Auto her. Nach Verkauf des Anglia-Wracks bot mir die Wiener Fordwerkstatt einen blauen Ford Consul Cortina 1.2 Baujahr 1962 an. Das war, so wie der Anglia, ein englisches Fordmodell, das z.B. in Deutschland nicht verkauft wurde. Es war wesentlich größer als der Anglia, aber ich kam damit gut zu Rande.

Das Auto wurde zuerst in 23.12.1966 in Tullnerbach zugelassen unter dem Kennzeichen N 166.017

M-MV 17

M-MV 17

Laut ÖAMTC-Gebrauchtpreisliste sollte ein Ford Cortina 1200 Bj.63 am 1.4.1968 zwischen 13.000,- und 17.000,- S kosten. Der Preis von 20.500,- war demnach doch recht hoch.

Die Hütteldorfer „Erste Österreichische Sparcasse“ war gerne wieder mit einem Kredit behilflich, also hieß es für mich: "wieder abstottern":

Das Auto sollte 20.500 S kosten, Anzahlung 3000,- S , bar bei Übernahme 2500,- S und 15.000,- Kredit zu 7,5% Zinsen von der Sparkasse, mit einer „Gehaltsabtretung“, Deponierung des Typenscheins des Fahrzeugs und Abtretung der Ansprüche einer abzuschließenden Großschadensversicherung als Sicherheit; ferner natürlich wieder Ausstellung eines Wechsels, wie schon zuvor. Rückzahlung pro Monat S 1.000,-.

Umzug nach Deutschland

Nach dem Umzug von Tullnerbach (Fa.Philips) nach München-Hochbrück (Fa.Schlumberger Meßgerätebau) hatte ich ein Problem: das Auto war ein englisches Ford-Modell und das war bei Ford in Deutschland nicht eingeführt.

Ich musste daher für größere und fordautospezifische Reparaturen immer nach Österreich fahren oder mir von Österreich Autobestandteile schicken lassen. Schon vorab: da habe ich ein kleines Vermögen an Ersatzteilen bezahlt, so viel wie bei keinem anderen Auto zuvor.

So zahlte ich z.B. für eine Auspuffreparatur bei der Fa.Schüller in Streithofen S 1354,- , am 13.9.1967 2006,90 S für zahllose Teile und Arbeitszeit, und am 13.9.1968 963,- S für eine Kardanwellenreparatur bei der Fa.Automobil-Handels-& Werkstätten-Betriebs GmbH in Wien 23., Inzersdorf. Bremsbeläge gab es bei Ford-Lippert in Salzburg um 257,20 S und einen neuen Auspufftopf bei der Fa.Schmidt um 295,60 S in Salzburg. Eine größere Reparatur fand dann nochmals am 13.6.1969 in Streithofen statt: Federbein, Radbremszylinder, Tachometer, Bremsbeläge, Ölwechsel etc. samt einer Türreparatur kosteten 3837,80 S.

Als ich einmal bei Ford Salzburg den Benzinstandsanzeiger auswechseln ließ, stellte sich heraus, dass er verrostet war und nach seiner Demontage der Benzintank undicht war! Also war auch gleich noch ein neuer Benzintank zu finanzieren! Benzin kostete damals DM 0,486 pro Liter!

Zulassung in Deutschland

Ab 1967 arbeitete ich in München, dorthin fuhr ich noch mit meinem niederösterreichischen Kennzeichen.

Dann musste das Auto in Deutschland zugelassen werden. Gottseidank musste ich keinen Zoll zahlen! Das sollte am 12.6.1968 stattfinden und ich erwarb auch die Nummernschilder M-MV17 (München-Land), aber die zugehörige TÜV-Einzel-Prüfung konnte der Wagen aufgrund diverser deutscher, von den österreichischen Vorschriften abweichender technischer Forderungen nicht bestehen.

Ich war daher einige Zeit damit beschäftigt, diverse technische Ausstattung bei meinem Ford Cortina anzubringen, wie z.B. zwei Blinkerlampen vorne auf jedem Kotflügel. Witzigerweise fanden hier zwei Leuchten, wie im VW-Käfer, das Wohlgefallen des TÜV.

Dann ging es um eine „Wegfahrsperre“, eine „Diebstahlsicherung“, die der originale Cortina nicht hatte. Eine gekapselte Zündspule und ein

Tachowellenschalter waren nachzurüsten, das war schon exotisch.

Ein fast verhängnisvoller Schaden

Eine Überraschung gab es einmal am Sonntag in der Früh: ich hatte einen Besucher zum Hauptbahnhof München gebracht.

Am Stachus bei der Heimfahrt: auf einmal Null Bremsfunktion! Bremsfusspedal fällt auf Anschlag hinunter! Die Fußbremse kaputt: ganz langsam und mit Hilfe der Handbremse tastete ich mich nach Hochbrück zurück.

Dann sandte mir mein Freund Pepi Göschlberger aus Salzburg einen Hauptbremszylinder von der Fa.Ford Schmidt um 296,- S. Damals war ich fit und couragiert und baute am Parkplatz der Heidenheimer Straße alleine den neuen Bremszylinder ein, mit Erfolg. Ich bat einen vorbeikommenden Passanten, mir das Bremspedal zu treten, während ich vorne im Motorraum entlüftete. Das tat der zwar, bekam es aber mit der Angst zu tun und lief nach zweimal Bremspedal treten davon. Das hatte aber gereicht, das Auto hatte wieder eine funktionierende Bremse.

Amateurfunk-Mobil

Als Amateurfunker wollte ich natürlich mit dem Auto mobil funken, da war jetzt genug Platz vorhanden.

Das Auto bekam daher eine Funkantenne für 80m und 20m (eine Vertikal-antenne). Für das UKW-2m-Band kam ein "Winkeldipol" von WISI aufs Dach - so was sieht man heute überhaupt nicht mehr. Der war aber recht gut in der Abstrahlung und für entsprechende Verbindungen.

Auch der Einbau einer getrennten Funkbatterie für 12 Volt/100 Ah fand statt!

Das war zu empfehlen, denn wenn der Wagen nach einem Funkbetrieb den Tag lang nicht mehr gestartet wäre – da hätte ich den ÖAMTC rufen müssen. Das wollte ich aber vermeiden und darum war eine gesonderte 12V-Versorgung vorteilhaft.

Die Funkgeräte Transceiver HW12 und HW 32 hatte ich schon, die war gut geeignet zum Betrieb im Auto (Mobilstation), doch die verwendeten Kraftfahrzeuge (Ford Cortina und dann Ford 20mTS) erwiesen sich als recht widerspenstig, was die Stromversorgung betraf.

Die Funkgeräte waren für 12 Volt Gleichspannung und Minus an Masse ausgelegt. Die damals (so um 1966) üblichen Autos hatten oft nur 6 Volt-Batterien und Plus an Masse (z.B. Ford 20mTS).

Man hätte nun eine 12 V-Batterie mit 12 V-Lichtmaschine zusätzlich einbauen können, das war aber umständlich und teuer.

Das Problem „Plus an Masse“ wurde dann so gelöst, dass die Lichtmaschine des Autos „umgepolt“ wurde – vorher waren Radio und ähnliche polaritätsabhängige Verbraucher ebenfalls umzupolen. Die Batterie wurde dazu umgedreht, mit einem kurzen Stromstoß wurde die Gleichstrom-Lichtmaschine bzw. ihr remanenter Magnetismus umgepolt. Hat mehrmals bestens funktioniert.

Geht heute bei den Drehstrom-Lichtmaschinen nicht mehr, ist auch nicht mehr notwendig, denn man hat sich ja inzwischen auf Minus an Masse geeinigt.

Bei 6V-Autonetz war die zusätzliche 12-V-Batterie nicht zu vermeiden, sie wurde in 2 x 6V geteilt (Brücke am Akku durchsägen) und mit einer Relaisschaltung beide Teile parallel geladen, bei Funkbetrieb schalteten die Relais die zwei 6-V-Teile wieder hintereinander.

Das war dann gewiss ein „gewaltsames" Selbstbauprojekt.

Ich habe diesen „Auto-Amateurfunk" viel benützt, an Anfahrtswettbewerben und Contesten im 20m und vor allem im 80m Band oft teilgenommen, das machte Spaß.

Sogar in Liechtenstein (Schaan) konnte ich nach Erhalt einer Schweizer Lizenz durch die Schweizer PTT mobil vom Auto aus funken.

Das Ende eines Gebrauchtwagens

Das Ende des Cortina-Vergnügens kam unerwartet: bei einer Fahrt von Frankfurt, wo ich vorübergehend und vorbereitend bei der Telenorma-Entwicklungsgesellschaft Frankfurt arbeitete, nach München auf der Autobahn gab der Zylinder 1 des Motors auf!

Das äußerte sich dann in einem Knattern, wenn man zu viel aufs Gaspedal trat, es war nur eine schwache Beschleunigung möglich, nur mehr 70-80 km/h die höchste Geschwindigkeit und die rechte Autobahnspur Pflicht.

Ich fuhr dann noch schön langsam bis Salzburg zu einem Amateurfunktreffen und bei der Rückfahrt nahm ich sogar noch 2 Funker mit, die sofort erklärten, die langsame Reisegeschwindigkeit mache ihnen nichts aus.

Nach Frankfurt zurückgekehrt, fand ich einen Autoverwerter, der mir den Cortina kostenlos entsorgte, denn eine Reparatur des Motors in Österreich wollte ich nicht mehr investieren.

3. Ford 20 m TS Coupe

In München war für mich die Suche nach einem „neuen“ gebrauchten Auto angesagt.

Das KFZ Ford 20m TS Coupe hatte ich von 9.1970 bis 5.1972 in Verwendung. In dieser Zeit war ich bei der Telenorma Entwicklungsgesellschaft beschäftigt, zuerst in Frankfurt, dann in München, Streitfeldstrasse.

Gewohnt habe ich zuerst in Frankfurt- Niederhöchstadt, dann ab 9.70 in Kirchheim-Hausen bei München. Ab Dezember 1970 war ich verheiratet mit meiner Frau Martha, am 4.5.72 ist unsere Tochter Renate zur Welt gekommen.

Im Sommer 1970 war ich im Urlaub in Vancouver, Kanada. Ich wollte bei Ford bleiben, aber natürlich jetzt deutscher Ford, und so studierte ich die Autoanzeigen in der Süddeutschen Zeitung.

… m Coupe, Baujahr 66, TÜV 71,
…000km mitRadio 2000.-.T.3135610

20 MTS, 67, TÜV 9. 72, VB 3900.-. Fa.
Telefon …

17 M Ford Turnier, Bj. 68, 70 PS, 5tü-

Ich fand den Ford 20m TS Coupe interessant und vereinbarte einen Vorführtermin. Der Besitzer war ein Jugoslawe, das Auto sah ansonsten recht gut aus und ich kaufte ihm den Wagen ab.

Natürlich wurde die Amateurfunkstation samt Antenne wieder in dieses Auto eingebaut, mit den schon beschriebenen technischen „Umständlichkeiten“, aber funktioniert hat es trotzdem dann wieder.

Mir fiel lediglich auf, dass der Vorbesitzer stets den linken Fuß auf der Kupplung hatte: die Folgen waren schlimm! Nach einigen 1000 km ab Kauf war die Kupplung hin, neue Kupplung war anzuschaffen.

Aber auch sonst hatte der Ford 20m TS einen großen Ersatzteilbedarf, wie die anliegende Übersicht zeigt.

Das ist halt die Folge davon, dass man ein gebrauchtes Auto kauft. Klein- und Mittelklassewagen waren da besonders reparaturintensiv, die großen Wagen und Oberklasse-Typen meist nicht so.

Reparaturliste 20 m TS

Reparaturen Ford 20m TS Coupe Hardtop: 19.11.70 - 19.10.71:

- Wasserpumpe	144,10
- Auspuff	74,70
- Bremszylinder	71,60
- Neue Kupplung	268,60
- Neue Bremsleitungen	103,80
- Drehstromlichtmaschine	330,23
- Einbauteile	19,76
- Vergaserreparatur 3.11.1971	55,30
- Vergaserreparatur 25.7.1970	47,50
- Öl-Service Texaco	69,13
- Wasserpumpe	144,10
- Vorderachsenreparatur	249,75
- Winterreifen	523,00
- 2 Reifen	168,00
- Kleinteile,Frostschutz Stahlgr.	99,28
	38,83

Angeschafftes Zubehör:

- 2 Nebelscheinwerfer
- 1 Nebelschlußleuchte
- 1 Autoradio Blaupunkt Frankfurt
- 1 Heckscheibenventilator
- 1 Zanetti-Spiegel
- 2 Sport-Rückspiegel auf Kotflügel
- 2 Sicherheitsgurte
- 1 Pannenblinkanlage
- 2 Funkantennenbefestigungen
- 1 Motorraum- und Kofferraumbeleuchtung

Benzinverbrauch p.a, 3470 Liter
ca. 8,4 l /100 km
Benzinpreis: Super -, 67 DM/Liter

Neben der Fordwerkstatt in Berg am Laim hatte ich noch eine Vergaser-Werkstatt Jos.Muhr in der Westermühlstrasse 3, dort war ein Funker, Herr Lechner, beschäftigt und dort bekam ich stets besten Service.

Am 12.10.1971 ließ ich den Wagen vom TÜV „Autotest Center“ überprüfen, der „Befund“:

Gesamttest inkl. § 29:
„Am Fahrzeug einige Beulen und Roststellen.
Motor mit 5% Minderleistung bei Nenndrehzahl.
Leistung im max.Drehmoment und Kraftstoffverbrauch gut.“

Erhebliche Mängel waren:

- Fabrikschild nicht lesbar
- Rückspiegel innen/aussen
- Scheinwerferglas
- Bremslicht
- Nebelscheinwerfer Glas
- -Bremsleitungen Rost
- Radzylinder hinten links
- Unterbrecherkontakt
- Radunwucht vorne rechts.

Ich ließ auch mehrfach das Fahrzeug prüfen. Da gab es etwas einmaliges: eine Stößdämpferprüfung mit Aufzeichnung der Schwingungen am Rollprüfstand auf einem kreisrunden Diagrammpapier! So was habe ich nachher nie wieder gesehen.

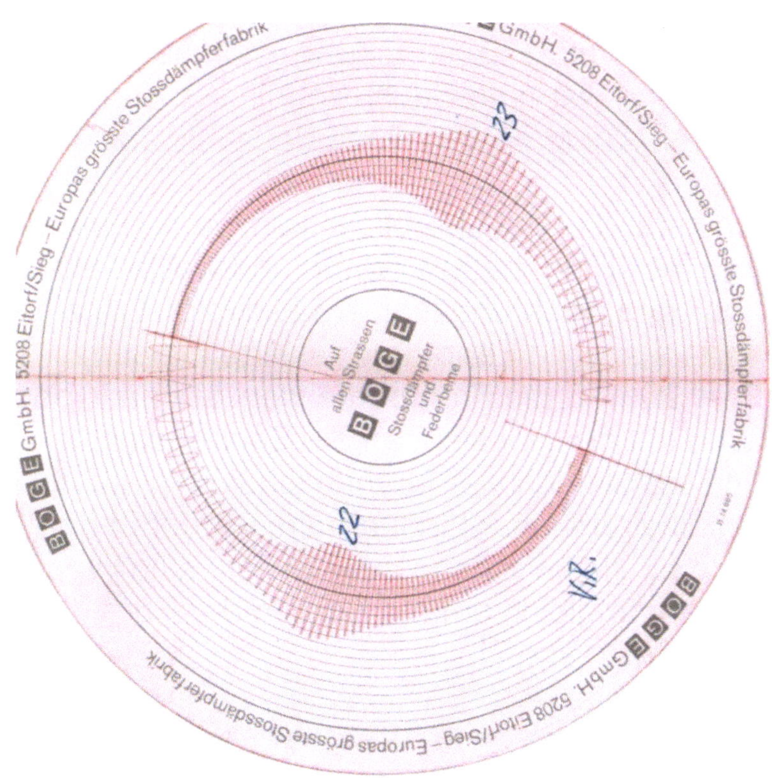

Der Zusammenstoß am Isartorplatz in München

Am 4.5.1972 kam meine Tochter Renate auf die Welt und Mama Kropp kam zur Unterstützung nach München. Wir hatten was in München besorgt und machten uns mit dem Auto Ford 20m TS auf den Heimweg nach Kirchheim-Hausen.

Am Isartorplatz, Einmündung Thomas-Wimmer-Ring war eine Baustelle mit diversen Verkehrszeichen, die diese Baustelle sicherten.

Ich hatte das gut überblickt, kam vom Thomas-Wimmer-Ring, hatte Vorfahrt und wollte links abbiegen, Richtung Isar. Da kam plötzlich einer von links, volle Fahrt, und rasierte meinem Ford 20mTS die Frontpartie weg. Mama Kropp stieß mit dem Gesicht an die Sonnenblende und blutete! Ich war fürchterlich zornig auf den Unfallverursacher Lindner und wir riefen die Polizei. Die kam dann auch gleich, eine Wachstube war gleich um die Ecke in der Hochbrückenstrasse 7.

Mein Auto war nicht mehr fahrfähig, ich ließ es zu meiner Fordwerkstatt in der Streitfeldstraße abschleppen.

Mama nahm sich ein Taxi und fuhr nach Behandlung im nahegelegenen Krankenhaus nach Kirchheim-Hausen zu Martha und Renate. Ich kam dann mit dem Taxi nach.

Das Wrack habe ich dann Herrn Artinger um DM 300,- verkauft.

Nun musste wieder ein Auto her, in Kirchheim-Hausen gab es nur eine Buslinie zum Vogelweidplatz, von dort war es nicht weit zur Firma.

Doch der Busbetrieb war dürftig und meist überlastet – ein Auto war daher angeraten.

4. Volvo P144

Martha und ich hatten zu dieser Zeit in den Zeitungen von der Firma Volvo gelesen, die hatten eine auf Sicherheit ausgelegte Werbung, z.B. mit einem Foto einer Mutti in anderen Umständen.

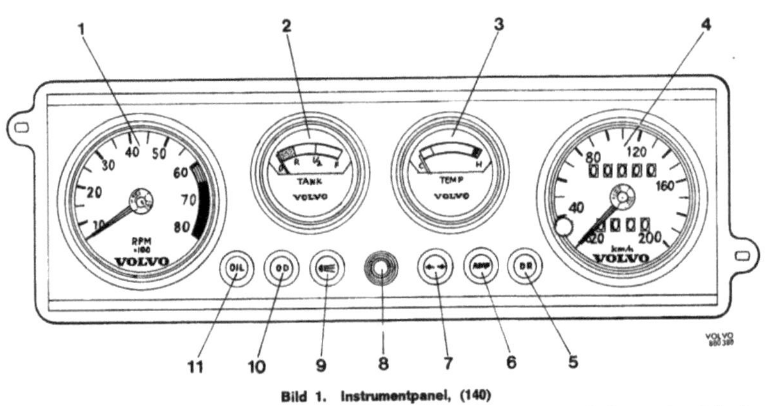

Bild 1. Instrumentpanel, (140)

Abb. 1 **Instrumententafel, (140)**

1 Drehzahlmesser
2 Kraftstoffmesser
3 Fernthermometer
4 Tachometer mit Kilometer- und Teilstreckenzähler
5 Komb. Bremswarn- und Handbremskontrolleuchte
6 Ladestrom-Kontrolleuchte
7 Blinker-Kontrolleuchte
8 Rheostat, Instrumentenbeleuchtung
9 Fernlicht-Kontrolleuchte
10 Overdrive-Kontrolleuchte
11 Öldruck-Kontrolleuchte

In Kirchheim wohnhaft, bekam das Auto das Kennzeichen M-C 8032 (ist gleich „München-Land").

Als ich dann im Februar 1973 nach München ins Olympiadorf zog, musste ich das Kennzeichen in M-LD 1634 („München-Stadt") tauschen.

Das passte damals genau für uns, wie oben dargestellt und Martha bot mir sogar an (da ich wie immer damals ziemlich blank war), anstelle wiederum eines Gebrauchtwagens, einen neuen Volvo vorzufinanzieren. Dafür war ich ihr sehr dankbar!

Zu Kirchheim am nächsten war eine Tankstelle Lobenstein in Bogenhausen mit recht einfacher Volvo-Werkstatt, dort sah ich mich um und war von dem technischen Wissen und Hintergrund von Herrn Lobenstein sehr angetan, wir kauften ihm im Juni 1972 einen gelben Volvo 144 ab!

Der Kaufpreis des Volvo P 144 war DM 12.211,70. Zuzüglich Rund-instrument, Mittelkonsole und H4-Scheinwerfer und Transportkosten sowie Zulassung, abzüglich 4% Rabatt auf die Grundausstattung und zuzüglich 11% Umsatzsteuer kamen dann DM 13.766,83 heraus, die die Fa,Lobenstein berechnete

Das Finanzierungsangebot der Kreissparkasse war: 5000 DM zu 0,4% p.m. auf 2.5 Jahre, gegen Sicherungsübereignung und Hinterlegung des KFZ-Briefes, zusätzlich 2% Bearbeitungsgebühr, Kreditkosten DM 700,-. Martha half mir mit 5000,-, ich selber hatte 1000,-.

Bis zur Lieferung des neuen Autos mietete ich bei Autohansa einen Opel Rekord 5 Tage, das kostete DM 349,32 inkl. Versicherung, zuzü--glich Benzin und wurde von der gegnerischen Versicherung bezahlt.

Der Volvo 144 P hatte 1954 ccm Hubraum, 82 PS, Fahrgestell lieferte Volvo aus Gent/Belgien und der Motor kam aus Göteborg in Schweden. Die Höchstgeschwindigkeit laut KFZ-Brief war 150 km/h. Eine Garantie von 1 Jahr ohne km Begrenzung war inklusive.

Der Volvo 144 war eigentlich für Superbenzin bestimmt, doch nach einem Umbau in der Werkstatt konnte er sparsamer mit Normalbenzin gefahren werden.

Ich machte Ölkontrollen wie folgt:

Bei km 79350 ; 1 l Baywa-Öl
km 80103 : 1 l 30W50
km 80790 : 1 l Liqui-Moly 20 W 50
km 81312 : 1 l Valvoline
km 82200 : 1 l Liqui-Moly

---

oder auf 2850 km 5 l Öl oder 570 km/1l

Am 18.11.1976 fuhr mir ein PKW Opel Kadett am Mittleren Ring vor der Leopoldstrasse hinten drauf, die Reparatur erfolgte bei Fa.Lobenstein, wozu die Ansprüche der Reparaturkosten gegen die gegnerische Versicherung an die Fa.Lobenstein abzutreten waren.

Bei 15.000 km musste ich folgende Mängel reklamieren:

- Zeituhr kaputt
- Türkontakt Beifahrertüre
  Innenbeleuchtung defekt

- Armaturenbrettverkleidung klappert
- Motor klingelt beim Anfahren
- Motoröleinfüllkappe undicht,
- Motorraum verschmutzt
- Frontscheibenholme: Abdeckknöpfe fehlen
- Beleuchtung Drehzahlmesser teilweise ausgefallen
- Anzeige „Fasten seat belts“ setzt aus

In 1979 listete ich folgende Jahreskosten von DM 10294,78 auf:

- Treibstoff 451,51
- Reparaturen und Ersatzteile 2259,16
- Öl 177,90
- Parken, Waschen, Fährkosten 35,70
- ADAC 48,-
- Sonstiges 64,-
- Haftpflicht- und Fahrzeugversicherung 628,80
- Rechtsschutzversicherung 65,-
- TÜV 42,25
- Autozubehör 66,05
- Garagenkosten (anteil.Kredit) 1079,50
- Bewirtschaftungskosten 99,91
- KFZ Steuer 289,-
-

Km Stand 01.01.79: 136 124 km
31.12.79: 192 385 km

Somit p.a. 56 261 km
Ergibt 0,182982 DM/km
Davon dienstlich: 3205 km

Ich war damals bei der Fa.EMA in Aach/Hegau angestellt, wohnte nahe der Firma zur Miete in einem kleinen Zimmer am Dach eines Hauses in Aach.

Ich fuhr immer zum Wochenende nach Hause, nach München Olympiadorf.

Ich hatte bei meiner neuen Stelle in Aach Anfang Februar angefangen, gleich bei meiner ersten Anreise am Sonntag abends gab es grausam viel Schnee, Fahrt hinter dem Schneepflug zwischen Ulm und Stockach war angesagt.

Noch viel schlimmer war es im Jahr darauf, als ich mir dachte, die Autobahn nach Singen ist schon offen und fahre am Montag früh zum Dienstantritt ab Ulm über Stuttgart nach Engen/Aach. Es hatte geschneit und der Alb-Abstieg nach Gruibingen Richtung Stuttgart war damals noch eine lange Stahlbrücke.

Schon komisch war es, dass dort auf einmal alle Autos rechts ran fuhren und keiner ins Tal hinunter fahren wollte. Nur ich war auf einmal alleine mitten auf der Straße und dann merkte ich es: die Stahlfahrbahn war spiegelglatt und noch nicht gestreut! Mit blockierten Rädern und ohne richtig lenken zu können rutschte ich ganz langsam die Stahlbrücke hinunter, ich hatte großes Glück, keiner überholte oder stand im Wege. Eine meiner schlimmsten Winterfahrten!

Autoverkauf

Nachdem mein Betriebsleiter-Job bei der EMA durch den Betriebsherren ten Brink gekündigt wurde, hatte ich mich 1980 als Telecommunications-Berater selbständig gemacht, da war ein repräsentativeres Auto sinnvoll.

Die Auto Computer Börse schätzte am 6.8.1980 meinen Volvo P144 bei km Stand 21.000 und Verkauf an privat auf DM 1650.

Ich verkaufte daher den Volvo P144 am 4.4.1981 an Herrn Andreas Bannewitz. Der freute sich sehr über das Auto!

5. Mercedes 120

Das KFZ in Eigeltingen, Minkenmühle 1

Wie ich zu meinem Mercedes kam

Da ich in 1980 mich selbständig gemacht hatte, war ein KFZ anzuschaffen, das einem Telecommunications-Berater angemessen war. Es gab dazu auch einen Existenzgründungsplan vom Gründungsberater, mit LFA-Darlehen, staatl. KFW-Existenzgründungsdarlehen und Bankdarlehen (Stadtsparkasse München).

Ich hatte bei der Stadtsparkasse München vorzusprechen. Ich hatte zur Finanzierung meines "Startups" BATELCO GmbH entsprechend der Empfehlung meines Gründungsberaters von der Fa.Genes GmbH, Dr.Nathusius, verschiedene Darlehen geplant (LfA, KFW, Stadtsparkasse) und begab mich zur Bank zwecks Durchführung.

Der Sachbearbeiter dort ist über diese Darlehenskonstruktion recht grantig (da muss er viel arbeiten) und raunzt mich an: "Das hätten Sie alles mit einem Dispo machen können!". Das wäre auch dann sehr teuer gekommen, Dispositionskredite aufs Girokonto kosteten so um 15%!

Er ist nur dann bereit, das Konzept von Dr. Nathusius durchzuziehen, wenn die Sparkasse den größten Kredit - keinen Dispo! - gibt (so um 25.000 DM für das KFZ).

Ich bestelle also mein Auto, bei der Niederlassung der Daimler-Benz (Listenpreis 200: 4-Zylinder Vergasermotor, 80 KW, 109 PS 1997 ccm: DM 20.330,-) und dann kommt ein Anruf, das Auto sei da und ich möchte es abholen.

Vorsichtshalber rufe ich noch bei der Stadtsparkasse an, ob das mit dem Kredit OK geht, man sagt mir, alles in Ordnung.

Nun, was soll ich sagen: das Auto steht da, ich soll zahlen, ich stelle den Scheck in gewünschter Kaufpreishöhe aus, aber das Geld hat die Stadtsparkasse, entgegen der telefonischen Zusicherung, nicht auf mein Konto überwiesen! Das heißt: Scheck nicht gedeckt!

Eine telefonische Rücksprache von Daimler mit Stadtsparkasse endet mit der Versicherung der Bank: „Herr Kropp wird ein Darlehen bekommen!“ an die Daimler-Benz! Nun, so ließ ich den Scheck bei Daimler-Benz.

Die haben mir dann doch die Autoschlüssel gegeben, ich bin weggefahren, angeblich war das Geld dann tags darauf beim Autohändler.

Das war ein richtig schönes Beispiel für eine kreditschädigende Vorgangsweise der Bank. So wie das Gespräch in der Zweigstelle: der Kunde, der einen Kredit wollte, wurde nicht im Besprechungszimmer nebenan, sondern in höchster Lautstärke am Tresen bedient: „Ja wieviel wollen Sie denn und wo sind denn überhaupt Ihre Sicherheiten?“

Nun, die Kredittilgungen waren dann OK. Zum Ablauf der Kredite am Schluss war noch DM 5000 der LfA übrig, die zahlte ich außerplanmäßig und der Einfachheit halber vorzeitig in einem Betrag zurück.

Das hätte ich nicht erwartet: Der Zweigstellenleiter der Stadtsparkasse geriet darüber völlig aus dem Häuschen, rief mich erregt an, wollte sofort alle Bilanzen der letzten 5 (!) Jahre sehen, wollte von mir einen neuen Finanzplan - obwohl ich ihm ja nichts mehr schuldig war. Seine Begründung: "Ja Sie haben ja noch einen DISPO bei uns!"

Ich hatte mir, da so schön, ein Auto in „grün“ bestellt, dabei aber nicht bedacht, dass sich ein so gestaltetes Auto im Sommer ziemlich aufheizen kann. Meine folgenden Autos waren daher alle schön weiß!

Am 28.11.1987 habe ich das KFZ von meiner Firma ins Privateigentum übernommen, bei km 215.000 für DM 6200,- inkl. Mwst.

Verwendung

Ich hatte mich 1980/81 selbständig gemacht, nachdem der Job bei der EMA nichts mehr wert war. Ich hatte mein Büro und Labor in dem angemieteten Partyraum N.4 der WEG Nadistr.4-12 eingerichtet, das KFZ war in der Garage G8 der gleichen WEG abgestellt.

Ich hatte viel beim „Zentralen Zulassungsamt im Fernmeldewesen (ZZF)“ in Saarbrücken zu tun, bei der Fa.Mikes in Straubing, weiters waren die Tagungen in Mainz, Darmstadt, Frankfurt, Blumberg etc. zu besuchen.

Dann kam es zum Geschäft mit französischen Kunden, da waren Besuche in Paris, Grenoble, Lyon etc. zu erledigen.

Da ich auch als öffentlich bestellter und vereidigter Sachverständiger für Telekommunikation tätig wurde, waren bald die obligaten Gerichtstermine in ganz Deutschland mit dem KFZ wahrzunehmen.

Den Service des Wagens musste ich der offiziellen Mercedes-Werkstatt überlassen, da war zeitlich und finanziell kein Risiko einzugehen. Die Kosten bei Daimler-Benz waren jedoch hoch. Aber Großschäden oder nennenswerte Unfälle gab es mit dem Auto nicht.

Reparaturrechnungen:

- Vom 16.1.90 DM 262,30
- Notiz vom 23.1.1990: „Startergehäuse musste erneuert werden“
- Vom 20.8.1990 DM 225,56
- Vom 27.2.1991: DM 292,79
- Vom 19.3.1991 DM 813,35
- Vom 2.12.1991 DM 357,91
-

Versuch eines Autoverkaufs 1992

Ende 1992 wollte ich meinen 10 Jahre alten Mercedes 200 Bj.1981, noch gut fahrbereit, km Stand 322.000, verkaufen, denn der neue Wagen stand schon in der Garage.

Inserat in der SZ:

200, Aut., Bj. 81, ABS, Servo, RC, 1.Hd., 320'km, § 3/93, VB 3500,- ☎ **089/3517412**

Kurz darauf rief ein Autohändler aus Sendling an, ich solle zu ihm kommen.

Nun das tat ich dann auch. Ich landete auf einen Autoabstellplatz mit zahlreichen herumstehenden Mercedes-Gebrauchtwagen.

Der Autohändler begrüßte mich wie folgt: „Was, der Wagen hat 300.000 km drauf? Da kann Ihnen ja jeden Moment der Sitz unter dem Hintern durchbrechen! Sehen Sie hier, wie viele gute Wagen ich hier habe!"

Ich fragte: „Kaufen Sie meinen Wagen?"
„Ich kauf doch keinen Wagen, bei dem jeden Moment der Sitz unter dem Arsch durchbrechen kann!"

„Dann fahre ich wieder nach Hause!"

Antwort: „Aber da kann Ihnen jeden Moment der Sitz unter dem Orsch durchbrechen!"

Ich kontaktierte unseren Hausmeister Poschenrieder, nebenberuflicher Mercedes-Taxifahrer, dessen Sohn Rudi eine Autowerkstatt hatte. Wir vereinbarten DM 2000 als Kaufpreis und er setzte sich gleich ins Auto und fuhr es zu seinem Sohn.

Eine Woche später hatte ich das Geld. Offenbar war weder ihm noch seiner Familie die ganze Zeit der Sitz unter dem Popo durchgebrochen.....

6. Chrysler Voyager 3.3 LE

Zur damaligen Zeit (in 1992) kamen für mich drei Autotypen („VANs“), nach umfangreicher Vorprüfung, in Frage:

- Renault Espace
- Chrysler Voyager
- Pontiac Trans Sport

Ich bin mit allen drei Typen zur Probe gefahren, zusätzlich noch mit einem VW Bus, Bedingung war „Automatik“.

Das konnte schon der VW nicht gut und der Renault Espace überhaupt nicht, so blieben nur die beiden „Amerikaner“ übrig.

Der Pontiac Tran Sport war recht unhandlich und war zu lang, passte somit nicht in die Garage: also kam er nicht in Frage.

Zur Probefahrt bekam ich von der Werkstatt in der Landsberger Straße einen Chrysler Voyager 3.3 LE, der hat mich, vor allem durch die gute Beschleunigung, schwer beeindruckt.

Der ADAC urteilte im August 1989:: „Luxuriös ausgestattete Großraumlimousine mit kräftigem

Sechszylinder, komfortables Fahrwerk. Dünnes Werkstattnetz. Schlampige Verarbeitung."

Die Fahrer-Sitzposition war herrlich hoch über der Straße und anderen Fahrzeugen, das hatte ich bisher noch nicht erlebt. Die Entscheidung war somit rasch gefallen! Am 29.09.1992 wurde das Fahrzeug für mich zugelassen.

Bei 7 Sitzen konnte ich sogar meine gesamte damalige Firmenbelegschaft für einen Betriebsausflug im Voyager unterbringen: Sekretärin samt Gatten, deren zwei Kinder (Mitarbeiter), meine Frau und meine Tochter und ich.

Der Voyager wurde mit einem Leasingvertrag finanziert, den zahlt meine Firma BATELCO GmbH.

Nach Ablauf des Leasingvertrages gab es eine Restwert-Berechnung und zu dem offiziell (oder auch amtlich) ermittelten Wert des – nun gebrauchten – Fahrzeuges habe ich den Chrysler gegen Barzahlung erworben.

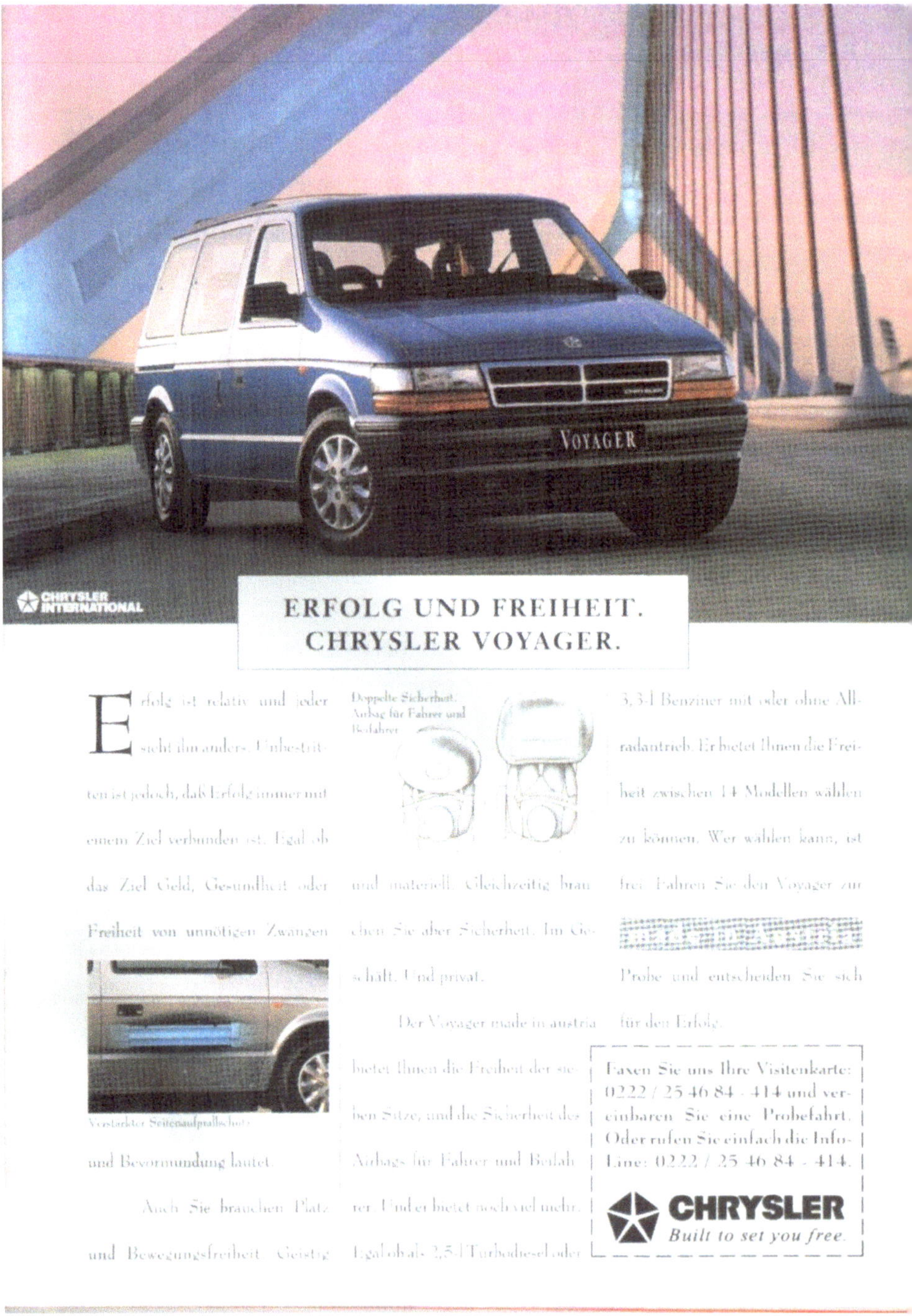

CHRYSLER INTERNATIONAL

ERFOLG UND FREIHEIT. CHRYSLER VOYAGER.

Erfolg ist relativ und jeder sieht ihn anders. Unbestritten ist jedoch, daß Erfolg immer mit einem Ziel verbunden ist. Egal ob das Ziel Geld, Gesundheit oder Freiheit von unnötigen Zwangen

Verstärkter Seitenaufprallschutz

und Bevormundung lautet.

Auch Sie brauchen Platz und Bewegungsfreiheit. Geistig

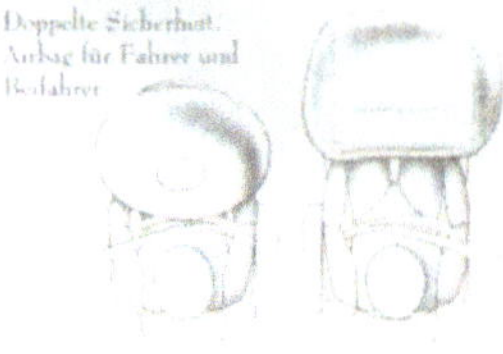

Doppelte Sicherheit: Airbag für Fahrer und Beifahrer

und materiell. Gleichzeitig brauchen Sie aber Sicherheit. Im Geschäft. Und privat.

Der Voyager made in austria bietet Ihnen die Freiheit der sieben Sitze, und die Sicherheit des Airbags für Fahrer und Beifahrer. Und er bietet noch viel mehr. Egal ob als 2,5-l Turbodiesel oder 3,3-l Benziner mit oder ohne Allradantrieb. Er bietet Ihnen die Freiheit zwischen 14 Modellen wählen zu können. Wer wählen kann, ist frei. Fahren Sie den Voyager zur

Probe und entscheiden Sie sich für den Erfolg.

Faxen Sie uns Ihre Visitenkarte: 0222 / 25 46 84 - 414 und vereinbaren Sie eine Probefahrt. Oder rufen Sie einfach die Info-Line: 0222 / 25 46 84 - 414.

So sah mein Auto Chrysler Voyager 3.3 LE – in 2022 nach 30 Jahren Nutzungsdauer aus.

Zur gleichen Zeit kauften auch weitere zwei Sachverständigen-Kollegen sich dieses Fahrzeug, einer davon ließ sogar den fünfzackigen Chrysler-Stern extra auf der Frontpartie montieren, so wie bei Mercedes! Das war mir aber zu riskant, so hätte man den Stern leicht abbrechen können.

Die Kollegen kauften nach der Abschreibe-dauer von 4 Jahren sich jeweils einen neuen Voyager, da machte ich aber nicht mit.

Ventilatorpanne

Der Voyager war im allgemeinen recht zuverlässig, aber einmal fiel der Motoventilator aus.

Bei einem klassischen Auto kam so etwas kaum vor: dessen Ventilator, der den Motor unter der Motorhaube zu kühlen hatte, war über einen mit der Lichtmaschine und ggf. anderen Aggregaten gekoppelten Keilriemen direkt mechanisch z.B. von der Kurbelwelle des Motors verbunden.

Der Chrysler hatte aber einen elektrisch betriebenen Motor-Ventilator samt Temperatursteuerung, wie auch einen weiteren, ähnlich aufgebauten Ventilator für die Klimaanlage. Das machte sich z.B. dadurch bemerkbar, dass an heißen Tagen, wenn das Auto abgestellt wurde, sich auf einmal der Lüftermotor unter der Motorhabe durch lautes Geräusch meldete, aber nach einigen Minuten hatte er den Motor ausreichen abgekühlt und schaltete sich wieder automatisch aus.

Nun, ich machte einen Ausflug in die Schweiz, Frau Grosholz mit dabei, ab München, Tagesziel Realp und die Dampfbahn Furka Bergstrecke, wie schon einige Male vorher. Es ging über Bregenz, Liechtenstein, Walensee nach Flüelen, dort wurde das KFZ abgestellt und wir machten einen Ausflug am Vierwaldstätter See. Nach Flüelen zurückgekehrt, ging es über die Gotthardroute den Berg hinauf Richtung Göschenen und Andematt.

Bei der Durchfahrt von Wassen großer Schreck: lautes Temperatur-Alarmsignal. Ich suchte Schutz vor dem zugleich beginnenden Unwetter in einer Tankstelle und telefonierte nach dem Schweizer Automobilclub,

Der kam dann auch nach etwa einer Stunde Wartezeit, sah sich den Motorraum an und machte einen sehr kreativen Reparaturvorschlag: den Motorventilator (da kaputt) ausbauen und statt dessen den Ventilator der Klimaanlage montieren!

Ich war platt: so etwas hatte ich noch nie erlebt! Der Automobilclub-Mann machte sich sofort ans Werk und hatte in relativ kurzer Zeit dem Motor einen „neuen“ Ventilator verpasst! Dann wollte er noch wissen, wo wir hinwollen: ich sagte ihm, zur Furka Bergstrecke in Realp, da sagte er, das sei außergewöhnlich, seine Kunden wollten ab Wassen immer über den Gotthard.

Das Auto war somit wieder fahrbereit und wir konnten nach Realp weiter fahren.

Nun, das Auto hielt durch und ich bin noch einige Monate mit dem Provisorium gefahren. Dann war ich wieder in der Schweiz, diesmal auf der Rückfahrt nach Hause über die Albulastrecke, wieder war Frau Grosholz dabei und auf halber Höhe hinauf zum Albulapass kam wieder der Temperaturalarm!

Da beschloss ich, auf den Albulapass zu verzichten, kehrte um und sofort war der Alarm weg!

Zu Hause dann angekommen ließ ich endlich in meiner Chrysler-Werkstatt einen Original-Motorventilator einbauen, womit das Problem der Überhitzung bei Bergfahrten dann endgültig gelöst war.

Automatikgetriebe

Mein Chrysler-Voyager 3.3 LE hatte ein sehr gutes Automatikgetriebe (P-R-N-D-III-Low), wenngleich es mit einer Handschaltung am Lenkrad bedient werden musste.

So ging es gut bis in die Gegend von 150.000 km, dann zeigte sich ab und zu ein „Hakeln“, aber ich fuhr damit noch gut weiter, England und Schweden waren da noch drin.

Ja bis ich eines Tages in München das Fahrzeug die Lerchenauerstraße stadtauswärts Richtung Moosacher Straße bewegte und plötzlich nichts mehr ging, Ganghebel festgeklemmt, Panne! Mühsam bewegte ich das Fahrzeug auf den Radfahrweg und schaltete den Pannenblinker ein.

Der ADAC war – nach Anruf über das eingebaute Siemens Funktelefon „P1“ - wieder behilflich, er schickte mir einen Abschleppdienst „Dorrer“, der kam nach etwa 45 Minuten. Ich wollte in meine Werkstatt am Frankfurter Ring. Dorthin fuhr er aber nicht direkt über die Moosacher Straße, sondern mit einem Umweg über den Mittleren Ring! Na ja, der rechnete nach km ab, doch das musste ich als ADAC-Mitglied nicht zahlen.

Nun war ein neues Automatikgetriebe fällig, so an die 1500 EUR! Das hielt aber dann bis zum Ende, bei 358.658 km, also bis zum Verkauf 2022.

Einmal noch gab es eine ganz besondere Getriebepanne: Ich war in Hollenbach bei meinem Häusel angekommen und parkte vor meiner Garage. In die konnte ich aber nicht hineinfahren, da sich der Getriebe-hebel nicht mehr bewegen ließ.

Wiederum wurde der ADAC gerufen, der kam mit einem Riesentrumm Abschleppwagen, der konnte jedoch nicht in die Einfahrt hinein. Auch Versuche des ADAC-Mannes, den Getriebe-hebel zu lösen, schlugen fehl.

Da sagte der ADAC-Mann, ich sollte Herrn Wilde aus Sainbach anrufen, der habe dort eine Werkstatt.

Gesagt, getan, der Wilde kam, ließ sich die Motorhaube öffnen, werkelte darin herum und bat mich, den Ganghebel zu bewegen. Und siehe an, alles funktionierte wieder. Wilde wollte dafür nur 20 EUR, ich war froh, jemand Kompetenten in der Nähe kennengelernt zu haben. Bei einem Werkstattbesuch am Frankfurter Ring konnte auch dieser Mangel beseitigt werden.

Klimaanlage

Der Voyager hatte eine Klimaanlage, die war recht ordentlich. Sie war aber mit einem FCKW-haltigen Kühlmittel gefüllt, bei meiner Reise nach Bamberg, beim Parken in einer Tiefgarage, floss es auf einmal aus. Na gut, dachte ich mir. Die Werkstatt soll die Anlage abdichten und frisches Kühlmittel einfüllen. Doch da hatte die Chrysler-Werkstatt gestreikt: sie sagten mir, das Kühlsystem sei auf das FCKW-haltigen Kühlmittel ausgelegt, aber dieses sei jetzt verboten und sie würden nichts einfüllen.

Nun, so fuhr ich zum Boschdienst, der hatte damit keine Probleme und befüllte mir die Klimaanlage. Leider hielt diese nur ein weiteres Jahr, dann war sie wieder kaputt und ich gab auf, verzichtete auf die Klimaanlage.

ABS

Der Voyager hatte ein „Automatisches Brems-System“ (ABS), das funktionierte wie folgt: Wenn z.B. auf glatter Fahrbahn die Vorderräder rutschten, bemerkte das die ABS und startete eine „Stotterbremse“, sodass eine gewisse Bremswirkung auch bei glatter

Umgebung gewährleistet war. Das war somit ein gut funktionierendes Sicherheitsmerkmal.

Leider fiel diese ABS nach einigen Jahren aus und in 2016 versuchte ich – da die Werkstatt nicht liefern konnte – ein ABS-System bei ebay zu kaufen. Das gelang und kostete EUR 240,-, aber die Werkstatt weigert sich, das System einzubauen- Da blieb nur mehr vorsichtiges Fahren im Winter!

Rückleuchte links

Eine Rückleuchtenfassung war defekt, aber hier packte mich der Ehrgeiz und ich konnte, nach Kauf bei einem Autoverwerter in Österreich (!), die „neue Lampe" nach einiger Lötarbeit wieder in Betrieb nehmen.

Reparaturen M-KH 8886

Beispielhaft hier einige Daten:

- Bei km-Stand 333373: DEKRA und erforderliche Arbeiten:
- Fahrtrichtungsanzeiger vorn rechts ohne Funktion
- Radhaus hinten links durchgerostet
- Radhaus hinten rechts durchgerostet

- Rahmen hinten links durchgerostet
- Bodengruppe vorn durchgerostet
- Kühler beschädigt
  Rechnung Fa.Wilde vom 30.1.2018 EUR 1662,04
  (Schweißarbeiten, neuer Kühler, Frostschutz etc.)

- Bei km-Stand 337273 neuer Auspuff („Mittelschalldämpfer“)
  Vom 30.08.2018 EUR 265,37

- Bei km-Stand 346366 DEKRA und erforderliche Arbeiten
  Nur geringe Mängel: angerostete Bremsleitungen, Getriebe und
  Motor ölfeucht, Wischerblätter, Einstieg links hinten schweißen
  Vom 21.01.2020 EUR 562,32

- Neue Batterie, Vorbereitung DEKRA, Ölfilter, Rahmen schweißen
  Vom 07.07.2021

Fernreisen

Der Voyager war für mich ideal zum Reisen, also war ich z.B. (jedes Mal ab München!):

- Zweimal in Schweden, über Bonn – Hamburg nach Göteborg zur GDO-Tagung und dann noch einmal zu meinem Studienkollegen und Amateurfunker Rudi Raidl in Hjo am Wettersee

- Damals war der Eurotunnel unter dem Ärmelkanal eröffnet worden: Man konnte mit dem Auto in einen Autotransportzug „Le Shuttle“ hinein-fahren (rechts!) und dann in England auf der Insel wieder herausfahren (links!!)

  Das folgende Bild zeigt den Voyager im Waggon von „Le Shuttle“:

- Also nach England, zuerst zur GDO-Tagung in Sheffield
  (GDO = Gesellschaft der Orgelfreunde)

- Dann nochmals nach England zum Abholen von Renate aus ihrem Praktikums-Aufenthalt in Heartfield/Südengland

- In Biarritz mit Martha, um Renate aus dem Urlaub abzuholen:
  Hin über Paris, zurück über Nizza, Brig, Furka!

- Mehrmals zur Dampfbahn Furka Bergstrecke (Realp, Oberwald) über Zürich und die Gotthardstrecke

- Oder über das Rheintal und den Oberalppass nach Andermatt und Realp

- Unzählige Male die Tour zu meinem Garten, von München Olympiadorf nach Hollenbach/Motzenhofen usw.

Der Wildunfall

Ich fahre abends von Motzenhofen nach München zurück und fahre von der Autobahn-

Umgehungsstrasse (A99) bei Karlsfeld ab: da steht unvermittelt ein kleines Reh da, schon rummst es und das Reh bleibt ein Stück weiter vorne liegen. Ich komme unversehrt zum Stehen.

Am Auto ist kein Schaden zu sehen, ich hole mein Warndreieck heraus und stelle es auf. Dann rufe ich mit dem Handy die Polizei an. „Nicht wegfahren! Wir kommen."

Das dauerte dann über eine halbe Stunde, rund um das Autobahnkreuz Karlsfeld sah man jede Menge Blaulichter, bis endlich eines davon hinter mir landete. Zuerst war, was denn sonst, die Kontrolle des Fahrzeugs und der Autopapiere fällig, dann telefonierte der Polizist mit der Jagdaufsicht. Schließlich nahm er einen langen Stecken und schob damit das tote Reh unter die Leitplanke und ich durfte endlich weiterfahren.

Da ich so etwas noch nicht mitgemacht hatte, besuchte ich das zuständige Polizeirevier und holte mir die Unfallbestätigung.

Der diensttuende Beamte schrieb hinein: „Das Reh war schon gestorben" und kassierte 7 EUR dafür.

Abgang des Voyagers

Darum musste ich mich nun kümmern: nochmals zum TÜV mit dem Voyager war nach 30 Jahren leider nicht mehr erfolgsverheißend.

Zuvor war ich schon in drei verschiedenen Werkstätten gewesen, Termin war 2.2022, aber keine – auch nicht der Wilde – wollten/konnten mich durch den TÜV bringen, auch nicht nach vorzunehmenden umfangreichen Reparaturen.

Verkauf 17.2.2022 bei 358.868 km

Also guckte ich ins Internet und fand eine Homepage

„wirkaufendeinauto.de“

die wollten Autos ankaufen. Da irrte ich mit dem Wagen noch in einem Industriekomplex an der Landsbergerstraße herum, fand aber dann doch die Firma.

Ein leicht verlotterter Typ wollte den KFZ-Schein, dann setzte er sich rein und fuhr 100m und in eine KFZ-Werkstatthalle. Dort untersuchte er das Auto bzw. dessen Unterseite mit einem an einer Stange befestigten Spiegel, wollte den TÜV-Bericht sehen (den konnte ich nicht vorweisen) und dann war ich das Auto um EUR 120 los!

Der Voyager hatte zuletzt keinen TÜV, war ohne Klima und ohne ABS.

Und die Nebellampen vorne hatte mir schon vorher einmal die Werkstatt ausgebaut: Begründung: Die kommen so nicht mehr durch den TÜV!!

Ich war sehr traurig und missgestimmt. Ich bekam noch zu hören, das Auto werde in einen Ost-Staat exportiert, wo es noch keinen TÜV gäbe.

7. Renault Kangoo Luxe (ab 2022)

Action: am 19.02.2022!

Das hatte ich bisher noch nicht gemacht: Kauf eines Autos im Raum Hannover!

Da erhielt ich eine email eines „Autohändlers im Netz“ mit einem Angebot eines weißen Renault Kangoo Luxe (Typ W, 2008-2021) mit Automatik, den gab es in Wunstorf bei Hannover bei der Fa. Seidel um EUR 16.149.-. Ich beschloss, mir das Fahrzeug in Wunstorf anzusehen und setzte mich in den ICE nach Hannover.

Dort war in den Regionalexpress umzusteigen, in Wunstorf erwartete mich der Verkäufer der Fa.Seidel, Herr Bauermeister, schon am Bahnhof (übrigens mit einem E-Auto!).

Die Besichtigung und die Probefahrt waren in Ordnung, wenngleich der Kangoo nicht so bequem und im Motorgeräusch lauter war als der Chrysler. Der TÜV war erst 11/2023 fällig. Steuer: EUR 222,- p.a.

Die Bezahlung erfolgte sofort bargeldlos mit Hilfe eines von mir mitgenommenen TAN-Generators; ich bezahlte auch gleich die mäßige Überführungsgebühr nach München. Ja, und dann konnte ich wieder mit dem Zug nach Hause fahren!

Daten:

KFZ-Versicherung Renault Kangoo EUR 823,44 p.a. (davon EUR 28,82 für Teilkasko, 150 EUR Selbstbeteiligung).

In 2017 hatte ich für den Voyager nur 465 EUR bezahlt.

Steuer: EUR 222,- p.a.,
Voyager EUR 250,-.

Vergleich der technischen Daten Chrysler Voyager – Renault Kangoo Luxe

Länge	4525	4213 mm
Max. Breite	1830	1820 mm
Höhe	1673	1898 mm
Radstand	2853	2697 mm
Antrieb	Vorderrad	
Kraftstoff	Einspritzer	
Ladevolumen	657	2080 l
Motor	6 Zyl.	4 Zyl.
Hubraum	3300 ccm	1588 ccm
Leistung	110 kW	78 kW
Drehmoment	241 Nm	148 Nm
Tank	75,8 l	60 l
Gewicht	1630 kg	1395 kg
Max.Zuladung	65 kg	558 kg
Sitze	7	5
Farbe	weiss	weiss
Km bei Lieferung	0	46.640
Zusätzl.Räder, bereift	0	4
Eigentum	Neuwagen	2 Vorbesitzer

Wie man sieht, sind die Daten doch recht ähnlich, allerdings braucht der Kangoo weniger Platz in der Garage, da 31 cm kürzer. Er hatte aber viel weniger Leistung.

Dafür brauchte er aber auch weniger Super E10: nur 7,5 Liter statt 11 Liter beim Voyager!

Am vereinbarten Tag bekam ich einen Anruf, dass der Autotransporter mit meinem Kangoo da sei. Ich lief hinunter in die Fahrebene Helene -Mayer-Ring, konnte dort aber nur den Transporter mit 2 Autos, eines davon mein Kangoo, wieder hinausfahren sehen.

Zuvor hatte ich mich schon in die Münchner Zulassungsstelle in der Eichstätter Straße begeben. Alle Papiere hatte ich dabei und als man mir die Nummernschilder „M-XP 1023“ anbot, nahm ich diese sofort mit und zahlte den Zulassungs-Obolus.

Der Transporter hatte dann einen Parkplatz bei der Total-Tankstelle „Bonjour“ in der Lerchenauer Straße gefunden, ich kletterte von der Garagenebene des Olympiadorfs hinauf, der Fahrer war mir behilflich und lud auch mein Fahrzeug sofort ab, sein Trinkgeld hatte er sich redlich verdient.

Also zuerst mussten die Nummerntafeln vorne und hinten hineingeschoben werden, das ging etwas mit Kraft, doch perfekt. Seidel hatte mir gesagt, er könne mir seine Werkstatt-Nummerntafeln nicht leihen, na ja.

Die Tankstelle war praktisch, und da nicht mehr viel Benzin in meinem Auto war, war gleich Volltanken angesagt. Dazu mussten mir aber an der Tankstelle Leute sagen, dass ich dazu den Autoschlüssel in den Tankdeckel stecken und aufsperren müsse. So einen versperrbaren Tankdeckel hatte ich bisher noch nicht gehabt!

Das verkehrte Einparken dann in meine Garage G8 ging ganz gut, den Voyager hatte ich schon herausgefahren und am Ende der Nadistrasse abgestellt (weitere Erledigung siehe oben) und der Kangoo war auch gute 30cm kürzer!

Fahrbetrieb-Erfahrungen

Generell war der Fahrersitz nicht so bequem, er war enger konzipiert als der Voyager. Auch die Pedalerie war nicht so optimal positioniert: der Wechsel von Gas zu Bremse etwas stufig.

Und die Fahrbahn war beim Kangoo wesentlich stärker zu spüren, da war der Voyager besser gefedert gewesen. Aber der neue Wagen brauchte viel weniger Benzin E10!

Reparaturversicherung

Man hatte mir bei Auto Seidel eine Reparaturkostenversicherung „Premium Langzeitschutz“ bei CarGarantie für 36 Monate angeboten (eine Art Kasko, ohne Unfälle), die habe ich akzeptiert, sie hat am 21.2.2022 begon-nen, es war eine Einmalzahlung von EUR 549,- inkl. Versicherungssteuer zu leisten.

Erster Werkstattbesuch

Am 26.4.2022 brachte ich das Fahrzeug zur Renaultwerkstatt am Frankfurter Ring zur vorgesehenen Durchsicht lt. Serviceheft. Das wurde ein teurer Spass! (EUR 3004,94, davon Teile EUR 792,93 und Arbeit 1732,17 – netto):

- Renault Wartung EUR 420,17 (inkl. Ölwechsel, H4-Lampen neu)
  (alle 24 Monate oder alle 30 000 km fällig, letzter Ölwechsel war bei 44.150 km am 23.9.2021)
- Luftfilter neu EUR 36,65
- Bremsflüssigkeit wechseln EUR 102,64
- Neue Wasserpumpe, neuer Zahnriemen EUR 1263,67

(Zahnriemen alle 6 Jahre oder alle 120 000 km fällig)
- Neue Ventildeckeldichtung EUR 700,03

Ausblick

Im November 2023 läuft der TÜV ab, da hoffe ich, mit weniger Aufwand wie bisher durchzukommen.

Beim Wilde in Sainbach habe ich mal schon mal angefragt!

Na denn, weiterhin gute Fahrt!

Bücher von Helmut Kropp

Im Buchhandel erhältlich, Verlag: BOD Books on Demand www.bod.de

Immer am Gleis- Bahnfahren in Europa und Amerika Format 14,8 x 21 cm 148 S. ws 90g Paperback 36 Farbseiten
Ladenpreis 13,99 EUR
ISBN 978-3-7347-43665

Beiträge zur Telekommunikation
Format 14,8 x 21 cm 132 S, ws
90g Paperback
Ladenpreis 19,90 EUR
ISBN 978-3-7347-78884-1

Kreuzfahrer
Mit AIDA, COSTA und MSC auf See
Format 14,8 x 21 cm 108 S. ws
90g Paperback 59 Farbseiten
Ladenpreis 12,99 EUR
ISBN 978-3-7386-4190

Orgelreisen – die andere Art Urlaub
Format 14,8 x 21 cm 152 S. ws
90g Paperback
107 Farbseiten
Ladenpreis EUR 19,00
ISBN 978-3-3920-1139

Abenteuer Bauernhof – Leben in der Minkenmühle
Landwirtschaft macht Spass
Format 14,8 x 21 cm 80 S. ws
90g Paperback 29 Farbseiten
Ladenpreis EUR 8,99
ISBN 9783839141379

Erlebnisreisen nach Ost und West
Format 14,8 x 21 cm 134 S. ws
90g Paperback 107 Farbseiten
Ladenpreis EUR 19,99
ISBN 9783743125124

Das Perlmooser Zementwerk Rodaun
Ein Industriestandort, heute ausgelöscht
Format 15,5 x 22 cm 84 S. ws
90g Paperback 12 Farbseiten
Ladenpreis EUR 15,99
ISBN 9783748193487

Ich war noch nie in Hammerfest
Nordische Kreuzfahrt – ganz anders
Format 15,5 x 22 cm 128 S. ws
90g Paperback 82 Farbseiten
Ladenpreis EUR 15,99
ISBN 9783750424289

Reise nach Krakau und Breslau
Waldkarpaten und Beskiden
Format 15,5 x 22 cm 68 S. ws 90g
Paperback 48 Farbseiten
Ladenpreis EUR 8,99
ISBN 9783753438658

SMS – SHORT MESSAGE SERVICE
Der Kurznachrichtendienst – Textvorschläge
Format 15,5 x 22 cm 24 S. ws 90g Paperback
Ladenpreis EUR 5,00
ISBN 9783738643886

Erhältlich beim Autor: Postfach 401063,
80710 München

Im Olympischen Dorf München und seiner Umgebung
Format 14,8 x 21 cm 64 S. ws 90g Paperback
2.Aufl. EUR 5,00

Im Kollegium Kalksburg 1948-55 1.Teil
Format 14,8 x 21 cm 136 S. ws 90g Paperback
EUR 10,00

Im Kollegium Kalksburg 1948-55 2.Teil
Format 14,8 x 21 cm 68 S. ws 90g Paperback
EUR 5,00

Gesammelte Werke 1950-1955
Beiträge für Kollegsecho und Blitzlicht im KK
Format 14,8 x 21 cm 24 S. ws 90g Paperback
EUR 5,00

60 Jahre Beruf (1955-2015)
Welt der Telecommunication
Format 14,8 x 21 cm 168 S. ws 90g
Paperback 11 Farbseiten
EUR 15,00

Der Funkamateur OE3UK 1955-1980
Hobby seit 1954
Format 14,8 x 21 cm 168 S. ws 90g
Paperback 47 Farbseiten
EUR 18,00

Als man noch Briefe schrieb
Nostalgie der schriftlichen
Individualkommunikation
Format 14,8 x 21 cm 80 Seiten ws 90g
Paperback
EUR 5,00

Bei den Schulbrüdern in Wien XVIII . Währing
1946 -1948 2.Aufl.
Format 14,8 x 21 cm 26 S. ws 90g Paperback
EUR 3,00

Liturgie gestern – Erinnerungen
Format 14,8 x 21 cm 29 S. ws 90g Paperback
3 Farbseiten
EUR 5,00

So schön ist es in Hollenbach
Format 15,5 x 22 cm 120 S. 90g Paperback
45 Farbseiten
EUR 12,85

Das Lesebuch KROPP
Waldmühle, Tullnerbach und Wien
Format 14,8 x 21 cm 160 S. 90g Paperback
EUR 12,00 – nur für Familienmitglieder

Das KROPP-LESEBUCH 2
Reisen und Geschichten 2001-2019
Format 14,8 x 21 cm 144 S. ws 90g
Paperback
EUR 15,00 – nur für Familienmitglieder

Mein Witzbuch
Was man mir so an Witzen erzählte
Format 14,8 x 21 cm 136 S. ws 90g
Paperback
EUR 16,00

Meine Sammlung Musiktexte
Format 14,8 x 21 cm 52 S. ws 90g
Paperback
EUR 5,00

Sachverständigen - Anekdoten
Was einem so vor Gericht und anderswo
passieren kann
Format 14.8 x 21 cm 32 S. ws 90g Paperback
EUR 4,00

Geschichten aus der Olympiadorf-Verwaltung (ODVG)
1973 – 2018 (noch in Arbeit)
Format 14,8 x 21 cm 24 S. ws 90g Paperback
EUR 4,00

Wer will unter die Soldaten
(1963 in Österreich)?
Format 14,8 x 21 cm 32 S. ws 90g Paperback
EUR 4,00